TEZHONGZUOYE (WEIXIAN HUAXUEPIN) GONGGONG KAOSHI KEMU
PEIXUN ZHIDAO SHOUCE

特种作业（危险化学品）公共考试科目

培训指导手册

隋 欣　王维维　主编
赵 薇　主审

化学工业出版社
·北京·

内 容 简 介

《特种作业（危险化学品）公共考试科目培训指导手册》是结合上海信息技术学校考点具体情况，并参照特种作业人员操作资格考试系列标准进行编写的，旨在提高危险化学品从业人员的职业安全素养与实际操作技能。

本书梳理了特种作业（危险化学品）具体考核实施方案，介绍了考核大纲和考核规则，重点通过微课的形式介绍了公共安全用具中灭火器的选择和使用、正压式空气呼吸器的使用、创伤包扎、单人徒手心肺复苏等操作说明及规范和注意事项。学员可以扫描书中的二维码查看及学习相关公共安全用具的操作方法。

本书适合作为参加特种作业（危险化学品）考试取证人员、从事相关公共安全用具模块教学和学习人员的培训指导手册。

图书在版编目（CIP）数据

特种作业（危险化学品）公共考试科目培训指导手册 / 隋欣，王维维主编. —北京：化学工业出版社，2022.11
ISBN 978-7-122-42143-2

Ⅰ.①特⋯ Ⅱ.①隋⋯ ②王⋯ Ⅲ.①化工产品-危险物品管理-安全培训-教材 Ⅳ.① TQ086.5

中国版本图书馆 CIP 数据核字（2022）第 173841 号

责任编辑：旷英姿 提 岩　　　　　文字编辑：陈立璞
责任校对：王 静　　　　　　　　　装帧设计：王晓宇

出版发行：化学工业出版社（北京市东城区青年湖南街13号　邮政编码100011）
印　　装：中煤（北京）印务有限公司
710mm×1000mm　1/16　印张5　字数55千字　2022年11月北京第1版第1次印刷

购书咨询：010-64518888　　　　　　　售后服务：010-64518899
网　　址：http://www.cip.com.cn
凡购买本书，如有缺损质量问题，本社销售中心负责调换。

定　　价：36.00元　　　　　　　　　　　　　　　　版权所有　违者必究

前言

为配合特种作业人员安全生产资格考试的培训和考核，我们以《特种作业人员安全技术培训考核管理规定（国家安全生产监督管理总局令第30号）》《安全生产资格考试与证书管理暂行办法》《特种作业安全技术实际操作考试标准（试行）》《特种作业安全技术实际操作考试点设备配备标准（试行）》等相关规定与标准文件为依据，编写了《特种作业（危险化学品）工艺考试装置操作培训指导手册》。教程中包含了《特种作业安全技术实际操作考试标准（试行）》中的16种危险化学品工艺。

本书介绍了特种作业（危险化学品）公共考试科目考核与培训实施方案；安全用具使用，包括灭火器的选择和使用、正压式空气呼吸器的使用、创伤包扎、单人徒手心肺复苏操作等内容。还配备了多个教学资源，包括指导手册、微课等，以二维码的形式融于相关知识介绍中，读者可用手机扫描查看与学习。资源以文档、视频等形式，将相关知识形象化、具体化，可帮助学员更好地学习与记忆。

本书由上海信息技术学校和北京东方仿真集团合作编写，上海信息技术学校的隋欣、王维维主编，上海信息技术学校的赵薇主审。具体工作分工为：模块一由上海信息技术学校的王维维编写；模块二由上海信息技术学校的隋欣编写；北京东方仿真集团HSE项目团队及郑州捷安高科股份有限公司HSE项目团队参编，主要负责附录法律法规的收集及安全用具使用微课的录制、剪辑等工作。

本书在编写过程中，得到了上海安全生产科学研究所、化学工业出版社有限公司、郑州捷安高科股份有限公司的大力支持，在此表示感谢。

本书适合作为参加特种作业（危险化学品）考试取证人员、从事公共安全用具模块教学和学习人员的培训指导手册。

由于特种作业（危险化学品）公共考试科目涉及面较广，本实训教程只结合考核方案进行编写，不足之处在所难免，恳请广大读者批评指正。

编　者
2022年8月

目录

模块一
特种作业（危险化学品）考核实施方案　　001

项目一　考试大纲　　001
　　任务一　介绍考试科目和内容　　001
　　任务二　介绍考试考核方式　　002
项目二　考核规则　　003
　　任务一　了解安全须知　　003
　　任务二　了解违纪处罚规定　　004
　　任务三　了解考试注意事项　　005
　　任务四　熟悉考试流程　　006

模块二
公共考试科目培训实施方案　　007

　　任务一　完成灭火器的选择与使用　　008
　　任务二　完成正压式空气呼吸器的使用　　013
　　任务三　完成创伤包扎　　023
　　任务四　完成单人徒手心肺复苏操作　　030

附录
中华人民共和国安全生产法　　041

参考文献　　075

模块一

特种作业（危险化学品）考核实施方案

项目一　考试大纲

为贯彻落实《特种作业人员安全技术培训考核管理规定》（国家安全生产监督管理总局第30号令）和《安全生产资格考试与证书管理暂行办法》等相关规定，国家安全生产监督管理总局颁布了《特种作业安全技术实际操作考试标准（试行）》和《特种作业安全技术实际操作考试点设备配备标准（试行）》（以下简称《标准》）。

任务一　介绍考试科目和内容

特种作业人员安全技术考核分为安全生产知识考试和实际

操作考试。

安全生产知识考试主要考察理论内容,包括国家标准、安全生产法律法规、安全基础知识等。

实际操作考试科目要求包含科目一、科目三(仿真和单元装置实操)、科目四三大科目,主要内容如下:

(1)科目一:公共考试科目(安全用具使用,简称K1)。

① 单人徒手心肺复苏操作;

② 灭火器的选择和使用;

③ 正压式空气呼吸器的使用;

④ 创伤包扎。

(2)科目三:作业现场安全隐患排除(简称K3)。

相关工艺异常状况处理。

(3)科目四:作业现场应急处置(简称K4)。

相关工艺应急处置。

任务二 介绍考试考核方式

安全生产知识考试合格后,方可进行实际操作考试。

(1)安全生产知识考试采用计算机考试方式,在考试点通过国家统一的考试信息平台进行闭卷考试。特殊情况经省级考试机构同意,可采用计算机生成的纸质试卷考试。考试时间为120min,满分为100分,80分以上为合格。

(2)实际操作考试应当在经验收合格的实际操作考试点进行,采取现场实际操作或者仿真模拟操作等方式,由考评员现场进行考核评分。实际操作考试满分为100分,80分以上为合格。

(3) 实际操作考试从 3 个科目考题中抽取，其中科目一中抽取两道题，科目三（作业现场安全隐患排除）、科目四（作业现场应急处置）各抽取一道题（每道题中包含 2 个通用单元和 1 个特定单元，随机抽取）。科目一、科目三、科目四考题分值权重分别为 40%、30%、30%。

本项目考试设置严格按照国家现有的培训考核鉴定系统的技术标准执行，考核成绩数据接口可以实现与安科所系统联通。

项目二 考核规则

任务一 了解安全须知

1. 入场准备

(1) 听从工作人员指令，有序候考并进入考场。

(2) 考场内严禁吸烟或以其他形式产生火源。

(3) 不得携带影响考试正常进行的物品进入考场。

2. 设备使用

(1) 严禁故意破坏考试及消防等设施设备。

(2) 发现设备异常的，应立即上报，不得私自处理。

(3) 张贴有危险标识的，应严格按照标识所示规范执行。

(4) 不得私自更改设备的使用方法。

3. 应急处置

（1）发生应急险情，应及时准确地告知考场工作人员，严格遵照考场平面图所示逃生方向有序疏散。

（2）必要时参照考场平面图所示位置取用消防器材。

（3）不得喧哗起哄或以其他形式干扰考场疏散指令的传达。

任务二　了解违纪处罚规定

（1）考生有下列行为之一的，受警告直至取消当场考试资格处分：

① 携带禁止带入考场的物品进入考场的。

② 在考场内吸烟、喧哗或有其他影响考试秩序行为的。

③ 未在规定座位上答题或在考试中擅自离开考场的。

④ 考试期间旁窥、交头接耳、互打暗号或者手势的。

⑤ 其他一般的考场违纪行为。

（2）考生有下列行为之一的，受取消当场考试资格、一年内不得参考及进入考核黑名单公示处分（自处分公布之日起）：

① 以伪造证件、证明及其他相关材料获得考试资格和考试成绩，或者由他人冒名顶替参加考试的。

② 通过考场内外串通获取或者试图获取试题答案的。

③ 使用具有无线信号接收功能的电子设备以及具有信息存储、读取功能的电子产品的。

④ 夹带、查看与考试有关资料，抄袭他人答案或协助

他人舞弊的。

⑤ 其他严重的违纪行为。

任务三 了解考试注意事项

（1）考生需在考试当日携带身份证到考点参加考试。

（2）考生参加考试穿着要规范，不可穿拖鞋、凉鞋、短裤、短袖，实际操作时必须佩戴安全帽。

（3）考试过程中要遵守考场纪律，不可随意走动、讲话，以免影响其他考生。

（4）考试过程中有任何问题举手示意，不可随意讲话，以免影响其他考生。

（5）不可野蛮操作，故意损坏设备。

（6）注意安全，禁止跑跳、跨越等危险动作。

（7）考生科目一实际操作前，需对设备状态进行确认，有疑问可举手示意。

（8）考生单元实际操作考试前，需对工具以及各操作点状态进行确认，有疑问可举手示意。

（9）考生单元实际操作考试结束后，需将工具放回原位，并将所有操作点恢复到初始状态。

任务四 熟悉考试流程

考试流程如图 1-1 所示。

笔记

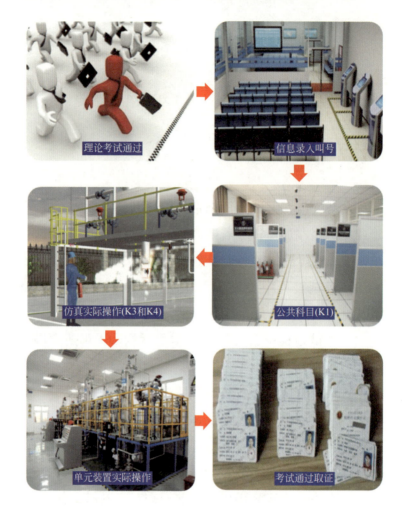

图 1-1　考试流程

模块二

公共考试科目培训实施方案

按照《危险化学品特种作业人员安全生产培训大纲及考核标准（暂行）》，危险化学品从业人员需要具备消防、气防、自救、呼救与创伤急救等方面的知识技能。因此，安全用具使用主要设置了灭火器的选择与使用、正压式空气呼吸器的使用、创伤包扎以及单人徒手心肺复苏操作四个任务模块（表2-1），需要学员根据给定的场景按照规范在规定时间内完成相应的任务。

表 2-1　公共安全用具任务模块

序号	任务名称	任务描述	考试方式
1	灭火器的选择与使用	根据着火场景选择合适的灭火器，并使用灭火器灭火	实际操作
2	正压式空气呼吸器的使用	正确佩戴和使用正压式空气呼吸器	理论考试（40分）实际操作（60分）

续表

序号	任务名称	任务描述	考试方式
3	创伤包扎	对伤口进行8字形包扎	理论考试（40分）实际操作（60分）
4	单人徒手心肺复苏操作	进行心肺复苏等一系列抢救操作	理论考试（10分）实际操作（90分）

任务一　完成灭火器的选择与使用

灭火器的选择和使用科目的考核形式为实际操作，要求考生根据着火场景选择合适的灭火器进行灭火操作。灭火实际操作时间为3min，总分为100分。

扫一扫看视频

灭火器的选择和使用

一、操作说明

（1）在桌面上找到"灭火器的选择和使用考试系统"图标 ，双击该快捷方式，进入考试系统登录界面，如图2-1所示。

（2）考生将身份证放在终端机读卡区上，登录界面就会显示考生信息，并对考生信息进行验证，如图2-2所示。

注：如果出现考生没有携带身份证或者身份证消磁等无法使用身份证验证的情况，点击"授权登录"按钮，手动输

入身份证号，系统将自动识别显示考生姓名，监考老师确认无误后输入授权码，点击"确定"按钮验证信息，如图2-3所示。

图 2-1 登录界面（1）

图 2-2 登录界面（2）

（3）考生身份信息验证通过，系统进入考前简介界面，如图2-4所示。

图 2-3 授权登录界面（1）

图 2-4 考前简介界面（1）

（4）考生阅读考试信息 20s 后，开始进行考试，系统会随机生成火灾场景，如图 2-5 所示。

（5）进入失火场景后，考生首先根据失火场景判断选用哪种类型的灭火器。

（6）然后选取该类型的灭火器，并站到灭火操作区中间（风向观察区），观察场景中的火焰和烟雾并选择上风口站立；离火源 3～5m 距离迅速拉下灭火器安全环，手握喷嘴对准着火点，压下手柄，侧身对准火源根部由近及远扫射灭火(图2-6)。

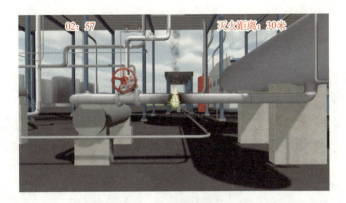

图2-5 火灾场景界面

(a)

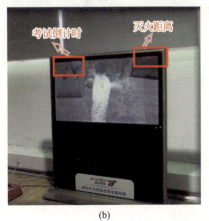

(b)

图2-6 灭火场景界面

(7)场景中火焰熄灭或灭火器用完,系统会提示考生需要放回灭火器,考生将灭火器恢复原样并放回灭火器底座(图2-7)。

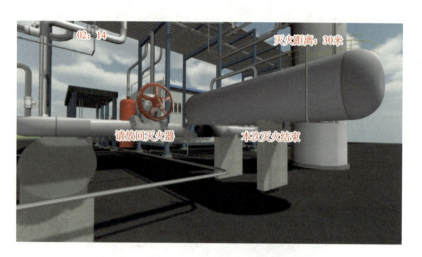

图2-7 灭火结束界面

(8)灭火结束后,返回考试登录界面,试卷会自动提交。

注:灭火操作考试时间为3min,若超时,系统自动完成考试。

二、操作规范及注意事项

1. 操作规范

根据场景选择合适的灭火器,站到灭火操作区中间(风向观察区);观察场景中的火焰和烟雾风向并选择上风口站立;离火源3～5m距离迅速拉下灭火器安全环,手握喷嘴对准着火点(光标为绿色),压下手柄,侧身对准火源根部由近及远扫射灭火;灭火结束后装上灭火器安全环,30s内将灭火器放回底座中。

2. 注意事项

（1）如在未进入失火场景前进行选择灭火器，则灭火器不能正常使用。

（2）灭火器选用要谨慎，如选错灭火器（以按下灭火器手柄为准），可能会造成更严重的安全事故。

（3）拿取灭火器后，考生先站在灭火操作区正中间的位置，然后通过观察失火场景中火焰的风向，移步至上风口位置。

（4）考生在操作灭火器时要求保持侧身朝向火焰根部，建议考生选择左右风区站位后，背对另外一个风区进行侧身操作。

（5）灭火操作时，考生保持侧身的同时需注意尽量避免双肩与监测点处于同一直线。

（6）按压灭火器手柄后，禁止将手中灭火器放回底座再次选择灭火器进行灭火操作。

（7）操作灭火器时，应注意一只手提起灭火器并弯曲手臂，另一只手紧握喷嘴并伸直手臂朝向火焰根部，保持两手间距离，尽量避免两只手同时往前伸直。

（8）灭火过程中，调整场景中光标位置时，应平拖喷管，上下左右移动手，请勿弯折喷管。

任务二　完成正压式空气呼吸器的使用

扫一扫看视频
正压式空气呼吸器的使用

正压式空气呼吸器的使用考试系统用于考核考生对正压式空气呼吸器使用的

笔记

熟练程度与正确性。依据《正压式空气呼吸器的使用考试大纲》，结合考试的连贯性和合理性，采用表 2-2 中的考核方式进行考核。考试时间为 20min。

表 2-2 正压式空气呼吸器的使用考核形式

序号	正压式空气呼吸器使用步骤	考核形式
1	考前准备	理论选择题
2	佩戴过程	实际操作题
3	终止使用	实际操作题

一、操作说明

（1）在桌面上找到"正压式空气呼吸器使用考试系统"图标 ，双击该快捷方式，进入考试系统登录界面，如图 2-8 所示。

图 2-8 登录界面（3）

(2) 考生将身份证放在终端机读卡区上，登录界面就会显示考生信息，并对考生信息进行验证。

注：如果考生身份证丢失或者消磁等无法利用身份证进行考试，考生应请管理人员进行确认。管理人员可使用"授权登录"，手动输入考生的身份证号和授权密码进行确认，确认后考生方可进行考试，如图 2-9 所示。

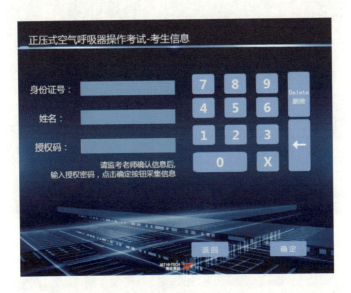

图 2-9　授权登录界面（2）

(3) 考生输入身份信息，请管理人员确认信息后，输入授权码点击"确定"，系统进入考前简介界面。点击"返回"，重新返回到身份证登录界面。

(4) 考生有 40s 的时间阅读考试简介，40s 内点击"开始考试"按钮，开始进行考试（图 2-10）；若 40s 内不点击开始考试，自动返回身份证登录界面。

(5) 第一部分"准备工作"为理论考核，该部分全部为选择题，每次考试随机抽取 8 道题，点击选项对其进行选中；每题答完后点击"下一题"，进入到下一题，点击"上一题",返回到当前题目的上一题。点击下方的题号,跳转到对应的题目,例如点击 8 ,将跳转到第 8 题(图 2-11、图 2-12)。

图 2-10　考前简介界面(2)

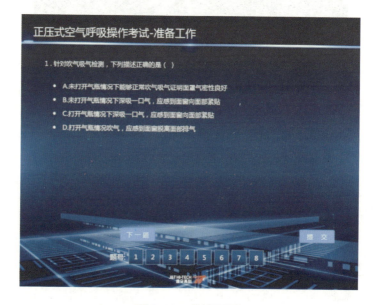

图 2-11　考试界面

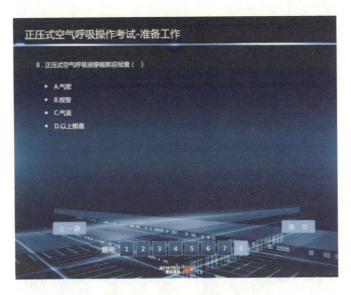

图 2-12 理论考核界面（1）

（6）当界面右上角的倒计时结束时，系统将自动提交本次考试。点击"提交"，弹出如图 2-13 所示的对话框；点击"确定"进入下一考试部分，点击"取消"返回到当前界面可继续操作。

图 2-13 提交界面

(7) 提交"准备工作"部分的考题后,系统跳转到"佩戴过程"考试界面,该部分为实际操作考题。开始时界面中的图片为正压式空气呼吸器的轮廓图,每当考生正确完成一项穿戴,对应的部位就会显示出实物图,并出现对应的文字提示,如图 2-14、图 2-15 所示。

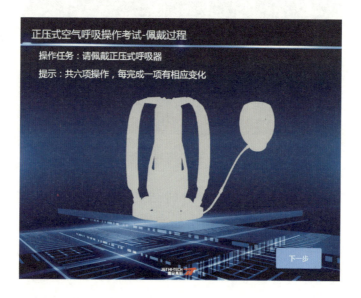

图 2-14　实际操作题界面——佩戴过程(1)

佩戴过程:

• 双手抓住背架两侧,将背架举过头顶,身体前倾,使装具自然滑落于背部。

• 手拉下肩带,调整左右肩带的松紧及装具的上下位置,使臀部受力。

• 扣上腰扣,将腰带两伸出端向后侧拉,收紧腰带。

• 将供气阀导管朝下,摁下面罩口的伸缩按钮,使供气阀端扣入面罩口,并伴随一声"咔哒",松开按钮。

• 将头罩翻至面窗外部,一只手抓住面窗突出部分将面罩置于外部,同时另一只手将头罩后拉罩住头部。

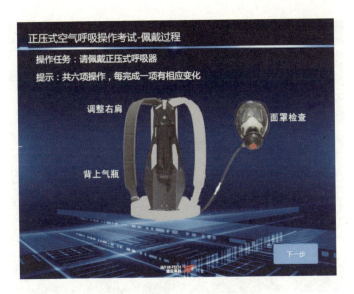

图 2-15　实际操作题界面——佩戴过程（2）

• 调整颈带头带和面罩位置，将面罩完全贴合到脸部。

• 深吸一口气，感觉面罩向面部贴近，检查面罩的气密性是否良好。

• 逆时针转动瓶阀手轮至少两圈，完全打开瓶阀。

（8）当所有步骤确认操作完成后，点击"下一步"，进入到"终止使用环节"，如图 2-16、图 2-17 所示。

图 2-16　佩戴完成示意图

图 2-17 终止使用界面（1）

（9）与"佩戴过程"相反，该界面中的图片为正压式空气呼吸器的实物图，每当考生正确脱下一项设备，对应的部位就会变为轮廓图，并标记文字，如图 2-18 所示。

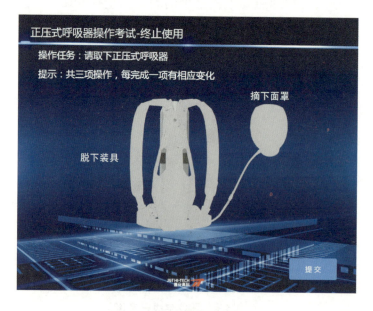

图 2-18 终止使用界面（2）

终止使用：

• 松开头带颈带，用手从下往上脱下面罩，之后一只手摁下面罩扣的伸缩按钮，同时另一只手拔下供气阀。

• 双手抓住左右肩带，举起背架，慢慢将装具摘下并放置好。

• 顺时针方向转动瓶阀手轮至拧紧瓶阀。

（10）当所有步骤确认正确完成后，点击"提交"按钮，进入到考试结束界面。该界面显示本科目的考试成绩，并显示已考科目、正考科目和未考科目，如图 2-19 所示。

图 2-19 考试结束界面（1）

二、操作规范及注意事项

1. 操作规范

（1）注意各部位（背部、双肩、腰部、头面部）操作正确：背上背架，调整左右肩带，系紧腰带，戴上面罩检查其气密性。

（2）佩戴正确并保证气路通畅。

（3）脱卸设备时，注意操作步骤，并轻拿轻放。

2. 注意事项

（1）该项考试的考试时间为20min，超过考试时间，系统将自动完成考试，请考生注意合理安排时间。

（2）考前简介阅读时间为40s，超过40s未点击"开始考试"按钮，系统将返回登录界面，请考生注意把握时间。

（3）佩戴呼吸器时，注意肩带平整，否则可能导致检测不准确。

（4）进行气密性检测时，请深吸气，如未显示检测，请重复吸气几次。

（5）脱下呼吸器时，考生应注意衣服饰物不要缠挂到设备上。

（6）脱下呼吸器后，气瓶在下、背架在上放置，注意请勿压到肩带、背架，并将腰带展开。

（7）在设备长时间不使用时，请拔下电池与控制盒的连接。

（8）正压式空气呼吸器设备较沉，注意轻拿轻放，以免砸伤或损坏设备。

（9）供气阀与面罩进行拆拔时，先按下面罩对插口上按钮，再进行拆拔，避免损坏设备。

（10）电池使用电量不足时，请用配备的充电器给电池充电。

（11）考试结束后，请将考试所用的设备放回原位。

任务三 完成创伤包扎

扫一扫看视频
创伤包扎

创伤包扎科目的考核分为两种考试形式：理论考试和实际操作（表2-3）。考试总时间为8min，总分为100分。其中，理论考试随机选取8道题，每题分值为5分，共40分；实际操作分值为60分。

表 2-3 创伤包扎考核形式

序号	考核形式	考核内容	分值
1	理论考试	创伤包扎知识点	40分
2	实际操作	8字形包扎法	60分
总分			100分

一、操作说明

（1）在桌面上找到"创伤包扎智能化考试系统"图标，双击该快捷方式，进入考试系统登录界面，如图2-20所示。

（2）考生将身份证放在终端机读卡区上，登录界面就会显示考生信息，并对考生信息进行验证，如图2-21所示。

注意：如果出现考生没有携带身份证或者身份证消磁等无法使用身份证验证的情况，点击"授权登录"按钮，手动输入身份证号，系统将自动识别考生姓名，监考老师确认无误后输入授权码，点击"确定"按钮验证信息（图2-22）。

（3）考生身份信息验证通过，系统进入考前简介界面，如图2-23所示。

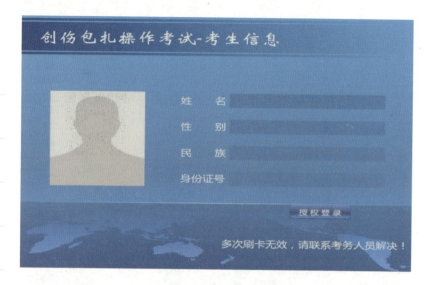

图 2-20　登录界面（4）

图 2-21　登录界面（5）

注：考前简介阅读时间为 40s，超时系统将返回刷卡界面。

（4）考生阅读考前简介后，点击"开始考试"按钮，开始进行考试，如图 2-24 所示。

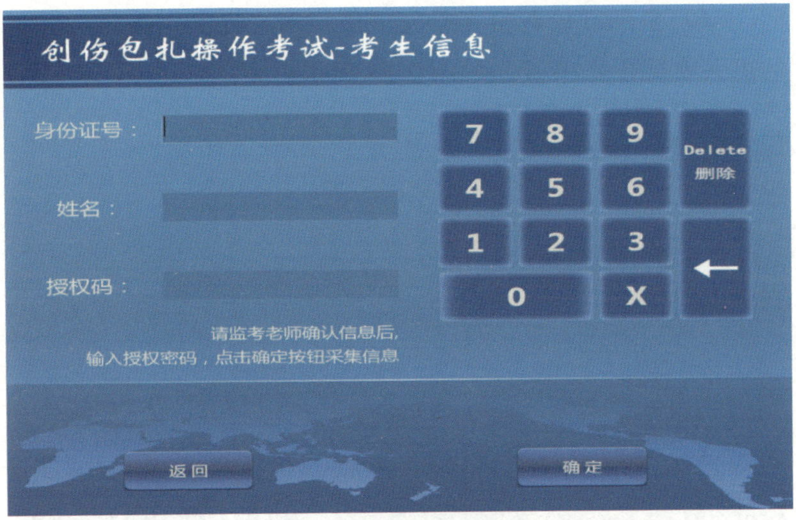

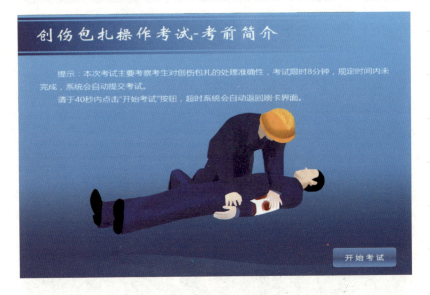

图 2-22　授权登录界面（3）

图 2-23　考前简介界面（3）

（5）考生可以点击"下一题"按题号顺序答题，也可以点击"题号""上一题"或"下一题"变换答题顺序；题目可以反复查看，提交前可随时修改答案。

(6)全部理论题目作答完成后点击"提交"按钮,提交后进入实际操作考试,如图 2-25 所示。

图 2-24　理论考试界面(2)

图 2-25　实际操作考试界面

(7)根据题目要求对模拟人伤口进行 8 字形包扎。包扎完成后点击"提交考试"按钮结束考试，界面中会显示本次考试成绩以及"已考科目""正考科目""未考科目"，考生可明确看出自己的考试状态（图2-26）。

图2-26　考试结束界面（2）

注：考试时间超过8min系统将自动提交考试结果。

二、操作规范及注意事项

1. 操作规范

实际操作考试主要要求考生用绷带或纱布对伤口进行8字形包扎操作。8字形包扎法是在关节弯曲处上下两方，一圈向上、一圈向下成"8"字形来回缠绕，每圈在弯曲处与前圈相交，同时根据情况与前圈重叠或压盖1/2，如图2-27所示。

考试时要求考生的包扎顺序按数字顺序1➡2➡3➡4➡5➡6➡7或1➡3➡2➡4➡5➡6➡7（点位8在该顺序任何位置都正确），

如图 2-28 所示。

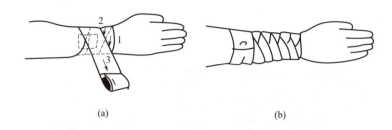

(a) (b)

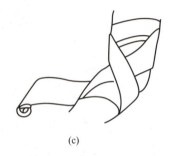

(c)

图 2-27 8 字形包扎

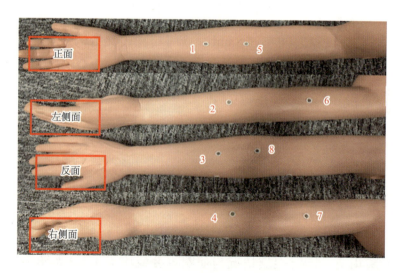

图 2-28 实际操作考试位置

考试时包扎效果如图 2-29 所示。

考试要求考生操作熟练、沉着冷静、手法正确，包扎时要体贴伤员、操作手法轻柔、准确，避免伤员受到二次伤害。

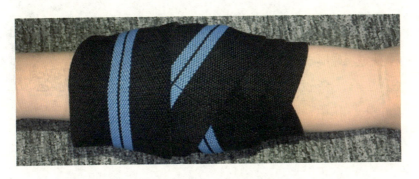

图 2-29　包扎效果图

2. 注意事项

（1）本系统理论考试和实际操作考试时间共 8min。考试时间超过 8min，系统将自动完成考试，请考生注意合理安排时间。

（2）系统要求考生在实际操作考试中采用 8 字形包扎法，采用其他方法不得分。

（3）考生开始包扎前首先稍微抬起手臂，然后再进行包扎。

（4）考生开始包扎时应该注意固定好绷带或纱布，以防出现绷带或纱布滑落现象。

（5）本系统实操考试要求按图 2-28 里的数字顺序 1➡2➡3➡4➡5➡6➡7 或 1➡3➡2➡4➡5➡6➡7 包扎，点位 8 在该顺序任何位置都正确。不能出现遗漏或者跳过某一位置的情况。

（6）实际操作考试要求考生对伤口全部包扎到位，不能有裸露在外的伤口部分。

（7）考试结束后将绷带或纱布整理好并放回原位。

任务四 完成单人徒手心肺复苏操作

扫一扫看视频

单人徒手心肺复苏操作

单人徒手心肺复苏科目的考核分为两种考试形式：理论考试和实际操作（表 2-4）。考试总时间为 15min，总分为 100 分。其中，理论考试共 3 道题，共 10 分；实际操作分值为 90 分。

表 2-4　单人徒手心肺复苏操作考核形式

序号	考核形式	考核内容	分值
1	理论考试	单人徒手心肺复苏知识点	10 分
2	实际操作	单人徒手心肺复苏操作	90 分
	总分		100 分

一、操作说明

（1）在桌面上找到"单人徒手心肺复苏操作智能化考培系统"图标，双击该快捷方式，进入考试系统登录界面，如图 2-30 所示。

（2）考生将身份证放在终端机读卡区上，登录界面就会显示考生信息，并对考生信息进行验证，如图 2-31 所示。

注：如果出现考生没有携带身份证或者身份证消磁等无法使用身份证验证的情况，点击"授权登录"按钮，手动输入身份证号，系统将自动识别显示考生姓名，监考老师确认无误后输入授权码，点击"确定"按钮验证信息（图 2-32）。

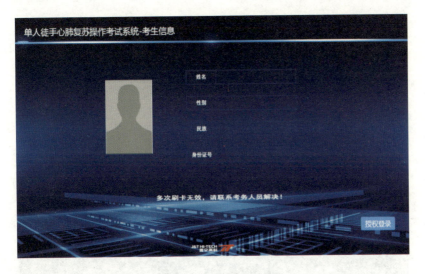

图2-30 登录界面（6）

图2-31 登录界面（7）

（3）考生身份信息验证通过，系统进入考前简介界面，如图2-33所示。

注：考前简介阅读时间为40s，超时系统将返回刷卡界面。

（4）考生阅读考前简介后，点击"开始考试"按钮，开始进行考试，如图 2-34 所示。

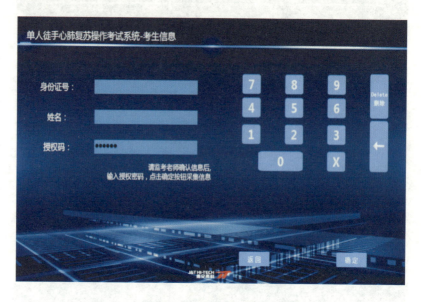

图 2-32　授权登录界面（4）

图 2-33　考前简介界面（4）

（5）考生点击选项进行选择，已经完成的题目题号会高亮显示，如图 2-35 所示。

(6) 考生可以点击"下一题"按题号顺序答题，也可以点击"题号""上一题"或"下一题"变换答题顺序；题目可以反复查看，提交前可随时修改答案。

图 2-34　理论考试界面（3）

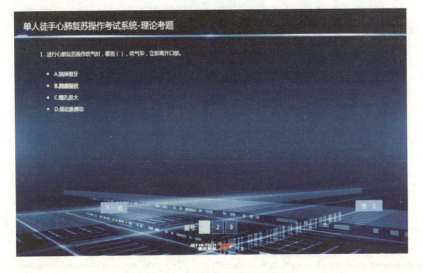

图 2-35　理论考试界面（4）

(7) 全部理论题目作答完成后点击"提交"按钮，

如图 2-36 所示。

图 2-36　理论考试提交界面（1）

（8）点击"提交"按钮，界面出现"确认提交？"提示框，如图 2-37 所示。

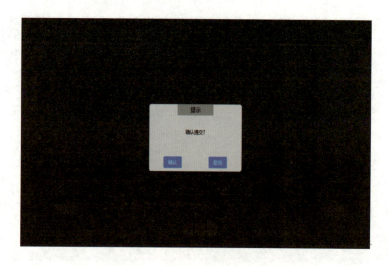

图 2-37　理论考试提交界面（2）

（9）点击"取消"按钮，系统将返回答题界面，考生可继续答题也可再次点击"提交"按钮；确认提交点击"确认"按钮，系统进入状态判断界面，如图 2-38 所示。

图 2-38　状态判断界面（1）

（10）轻拍模拟人肩膀并大声呼叫，解开模拟人衣物，单侧触摸其颈动脉至少 5s，清理口腔并打开气道，完成后点击"下一步"按钮，进入胸外按压及吹气操作界面，如图 2-39 所示。操作用时从开始按压计时。

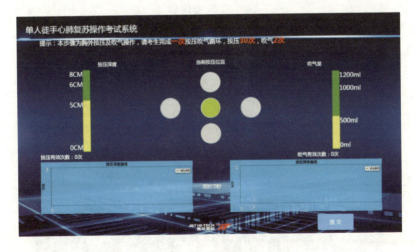

图 2-39　实际操作界面（1）

（11）按压时界面中显示"按压深度""当前按压位

置""按压有效次数""按压深度曲线""按压频率曲线"。按压位置正确,界面中"当前按压位"显示为绿色,如图 2-40 所示。

(12) 如果按压位置错误,界面中"当前按压位置"显示为红色;上、下、左、右四个方位显示红色,分别代表按压位置偏上、偏下、偏左、偏右。考生可根据界面显示调整按压位置,如图 2-41 所示。

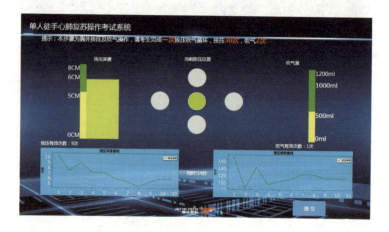

图 2-40　实际操作界面（2）

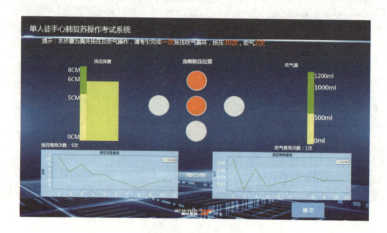

图 2-41　实际操作界面（3）

（13）按压结束，考生进行吹气操作，界面中显示"吹气量"和"吹气有效次数"，如图 2-42 所示。

（14）考生完成一次按压吹气循环，点击"提交"按钮，胸外按压及吹气操作结束，系统进入状态判断界面，如图 2-43 所示。

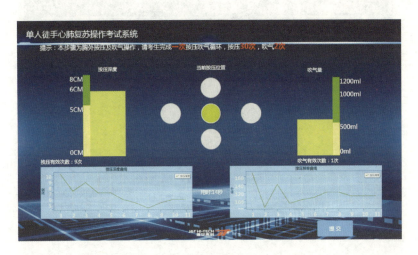

图 2-42　实际操作界面（4）

图 2-43　状态判断界面（2）

（15）考生判断模拟人状态，单侧触摸颈动脉至少停留

5s，观察双侧瞳孔状态，最后整理好衣物。操作完成点击"提交考试"按钮，考试结束，界面中显示本次考试成绩以及"已考科目""正考科目""未考科目"，考生可明确看出自己的考试状态，如图 2-44 所示。

图 2-44　考试结束界面（3）

注：考试时间超过 10min 系统将自动提交考试结果。

二、操作规范及注意事项

1. 操作规范

胸外按压操作方法及规范：

（1）按压的要点。按压部位位于胸骨中下 1/3 处，一手掌根部置于按压部位，另一手平行重叠于该手手背上，手指并拢，以掌根部接触按压部位，双臂位于患者胸骨的正上方，双肘关节伸直，以上身的重量垂直按压胸骨，按压后迅速抬起，使胸廓复原，但掌根不能离开胸壁，如图 2-45 所示。

（2）按压次数。按压 30 次。

（3）按压深度。胸骨下陷至少 5cm。按压时观察界面中的按压深度柱状图,图中按压深度小于5cm时,请加大按压力度;并观察当前按压位置,按压位置显示红色时,代表按压位置错误,考生可根据红色偏移位置调整按压位置,直至按压位置显示为绿色。

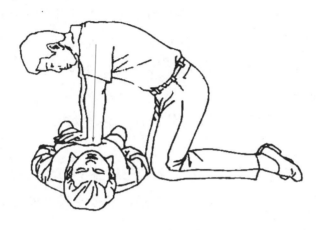

图2-45　胸外按压

人工呼吸操作方法及规范:

(1) 操作方法。将模拟人置于仰卧位,一手托起模拟人下颌,并使其头部后仰,另一手捏住其鼻腔,对口部用力吹气,不能漏气,然后立即放开捏鼻腔的手,连续进行两次,如图2-46所示。

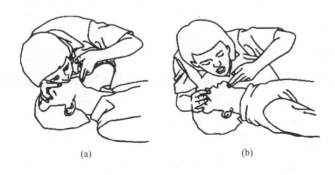

图2-46　人工呼吸

(2) 吹气量。观察界面中的吹气量柱状图,适当调整吹气量大小,吹气量在500~1000mL为宜。

2. 注意事项

（1）本系统理论考试和实际操作考试时间共 10min。考试时间超过 10min，系统自动提交考试结果，请考生注意合理安排时间。

（2）实际操作考试中首先判断模拟人是否具有意识，拍模拟人肩部并大声呼叫，然后解开模拟人衣物，判断颈动脉是否搏动（单侧触摸颈动脉，触摸时间不少于 5s），最后清理口腔并打开气道。

（3）对模拟人进行胸外按压，注意按压位置和按压深度。

（4）按压次数为 30 次，系统记录前 30 次按压成绩（包括有效按压次数和无效按压次数），多按或者少按均扣相应分值。

（5）吹气时捏住模拟人鼻子，看到胸腔起伏，吹气结束，松开鼻腔，胸腔下降后再吹气。

（6）一次按压吹气循环规定用时 25s，超时扣除相应分值。

（7）操作结束后检查模拟人颈动脉是否搏动（单侧触摸，触摸时间不少于 5s），观察两侧瞳孔，最后整理好衣物。

（8）如果考生未完成考试，误操作点击"提交"按钮，在出现"确认提交？"提示框时，点击"取消"按钮即可继续答题。

附录

中华人民共和国安全生产法

（2002年6月29日第九届全国人民代表大会常务委员会第二十八次会议通过　根据2009年8月27日第十一届全国人民代表大会常务委员会第十次会议《关于修改部分法律的决定》第一次修正　根据2014年8月31日第十二届全国人民代表大会常务委员会第十次会议《关于修改＜中华人民共和国安全生产法＞的决定》第二次修正　根据2021年6月10日第十三届全国人民代表大会常务委员会第二十九次会议《关于修改＜中华人民共和国安全生产法＞的决定》第三次修正）

目　录

第一章　总则

第二章　生产经营单位的安全生产保障

第三章　从业人员的安全生产权利义务

第四章　安全生产的监督管理

第五章　生产安全事故的应急救援与调查处理

第六章　法律责任

第七章 附则

第一章 总则

第一条 为了加强安全生产工作，防止和减少生产安全事故，保障人民群众生命和财产安全，促进经济社会持续健康发展，制定本法。

第二条 在中华人民共和国领域内从事生产经营活动的单位（以下统称生产经营单位）的安全生产，适用本法；有关法律、行政法规对消防安全和道路交通安全、铁路交通安全、水上交通安全、民用航空安全以及核与辐射安全、特种设备安全另有规定的，适用其规定。

第三条 安全生产工作坚持中国共产党的领导。

安全生产工作应当以人为本，坚持人民至上、生命至上，把保护人民生命安全摆在首位，树牢安全发展理念，坚持安全第一、预防为主、综合治理的方针，从源头上防范化解重大安全风险。

安全生产工作实行管行业必须管安全、管业务必须管安全、管生产经营必须管安全，强化和落实生产经营单位主体责任与政府监管责任，建立生产经营单位负责、职工参与、政府监管、行业自律和社会监督的机制。

第四条 生产经营单位必须遵守本法和其他有关安全生产的法律、法规，加强安全生产管理，建立健全全员安全生产责任制和安全生产规章制度，加大对安全生产资金、物资、技术、人员的投入保障力度，改善安全生产条件，加强安全生产标准化、信息化建设，构建安全风险分级管控和隐患排查治理双重预防机制，健全风险防范化解机制，提高安全生产水平，确保安全生产。

平台经济等新兴行业、领域的生产经营单位应当根据本行业、领域的特点，建立健全并落实全员安全生产责任制，加强从业人员安全生产教育和培训，履行本法和其他法律、法规规定的有关安全生产义务。

第五条 生产经营单位的主要负责人是本单位安全生产第一责任人，对本单位的安全生产工作全面负责。其他负责人对职责范围内的安全生产工作负责。

第六条 生产经营单位的从业人员有依法获得安全生产保障的权利，并应当依法履行安全生产方面的义务。

第七条 工会依法对安全生产工作进行监督。

生产经营单位的工会依法组织职工参加本单位安全生产工作的民主管理和民主监督，维护职工在安全生产方面的合法权益。生产经营单位制定或者修改有关安全生产的规章制度，应当听取工会的意见。

第八条 国务院和县级以上地方各级人民政府应当根据国民经济和社会发展规划制定安全生产规划，并组织实施。安全生产规划应当与国土空间规划等相关规划相衔接。

各级人民政府应当加强安全生产基础设施建设和安全生产监管能力建设，所需经费列入本级预算。

县级以上地方各级人民政府应当组织有关部门建立完善安全风险评估与论证机制，按照安全风险管控要求，进行产业规划和空间布局，并对位置相邻、行业相近、业态相似的生产经营单位实施重大安全风险联防联控。

第九条 国务院和县级以上地方各级人民政府应当加强对安全生产工作的领导，建立健全安全生产工作协调机制，支持、督促各有关部门依法履行安全生产监督管理职责，及时协调、解决安全生产监督管理中存在的重大问题。

乡镇人民政府和街道办事处，以及开发区、工业园区、港区、风景区等应当明确负责安全生产监督管理的有关工作机构及其职责，加强安全生产监管力量建设，按照职责对本行政区域或者管理区域内生产经营单位安全生产状况进行监督检查，协助人民政府有关部门或者按照授权依法履行安全生产监督管理职责。

第十条　国务院应急管理部门依照本法，对全国安全生产工作实施综合监督管理；县级以上地方各级人民政府应急管理部门依照本法，对本行政区域内安全生产工作实施综合监督管理。

国务院交通运输、住房和城乡建设、水利、民航等有关部门依照本法和其他有关法律、行政法规的规定，在各自的职责范围内对有关行业、领域的安全生产工作实施监督管理；县级以上地方各级人民政府有关部门依照本法和其他有关法律、法规的规定，在各自的职责范围内对有关行业、领域的安全生产工作实施监督管理。对新兴行业、领域的安全生产监督管理职责不明确的，由县级以上地方各级人民政府按照业务相近的原则确定监督管理部门。

应急管理部门和对有关行业、领域的安全生产工作实施监督管理的部门，统称负有安全生产监督管理职责的部门。负有安全生产监督管理职责的部门应当相互配合、齐抓共管、信息共享、资源共用，依法加强安全生产监督管理工作。

第十一条　国务院有关部门应当按照保障安全生产的要求，依法及时制定有关的国家标准或者行业标准，并根据科技进步和经济发展适时修订。

生产经营单位必须执行依法制定的保障安全生产的国家标准或者行业标准。

第十二条　国务院有关部门按照职责分工负责安全生产

强制性国家标准的项目提出、组织起草、征求意见、技术审查。国务院应急管理部门统筹提出安全生产强制性国家标准的立项计划。国务院标准化行政主管部门负责安全生产强制性国家标准的立项、编号、对外通报和授权批准发布工作。国务院标准化行政主管部门、有关部门依据法定职责对安全生产强制性国家标准的实施进行监督检查。

第十三条 各级人民政府及其有关部门应当采取多种形式，加强对有关安全生产的法律、法规和安全生产知识的宣传，增强全社会的安全生产意识。

第十四条 有关协会组织依照法律、行政法规和章程，为生产经营单位提供安全生产方面的信息、培训等服务，发挥自律作用，促进生产经营单位加强安全生产管理。

第十五条 依法设立的为安全生产提供技术、管理服务的机构，依照法律、行政法规和执业准则，接受生产经营单位的委托为其安全生产工作提供技术、管理服务。

生产经营单位委托前款规定的机构提供安全生产技术、管理服务的，保证安全生产的责任仍由本单位负责。

第十六条 国家实行生产安全事故责任追究制度，依照本法和有关法律、法规的规定，追究生产安全事故责任单位和责任人员的法律责任。

第十七条 县级以上各级人民政府应当组织负有安全生产监督管理职责的部门依法编制安全生产权力和责任清单，公开并接受社会监督。

第十八条 国家鼓励和支持安全生产科学技术研究和安全生产先进技术的推广应用，提高安全生产水平。

第十九条 国家对在改善安全生产条件、防止生产安全事故、参加抢险救护等方面取得显著成绩的单位和个人，给予奖励。

第二章 生产经营单位的安全生产保障

第二十条 生产经营单位应当具备本法和有关法律、行政法规和国家标准或者行业标准规定的安全生产条件；不具备安全生产条件的，不得从事生产经营活动。

第二十一条 生产经营单位的主要负责人对本单位安全生产工作负有下列职责：

（一）建立健全并落实本单位全员安全生产责任制，加强安全生产标准化建设；

（二）组织制定并实施本单位安全生产规章制度和操作规程；

（三）组织制定并实施本单位安全生产教育和培训计划；

（四）保证本单位安全生产投入的有效实施；

（五）组织建立并落实安全风险分级管控和隐患排查治理双重预防工作机制，督促、检查本单位的安全生产工作，及时消除生产安全事故隐患；

（六）组织制定并实施本单位的生产安全事故应急救援预案；

（七）及时、如实报告生产安全事故。

第二十二条 生产经营单位的全员安全生产责任制应当明确各岗位的责任人员、责任范围和考核标准等内容。

生产经营单位应当建立相应的机制，加强对全员安全生产责任制落实情况的监督考核，保证全员安全生产责任制的落实。

第二十三条 生产经营单位应当具备的安全生产条件所必需的资金投入，由生产经营单位的决策机构、主要负责人或者个人经营的投资人予以保证，并对由于安全生产所必需的资金投入不足导致的后果承担责任。

有关生产经营单位应当按照规定提取和使用安全生产费用，专门用于改善安全生产条件。安全生产费用在成本中据实列支。安全生产费用提取、使用和监督管理的具体办法由国务院财政部门会同国务院应急管理部门征求国务院有关部门意见后制定。

第二十四条　矿山、金属冶炼、建筑施工、运输单位和危险物品的生产、经营、储存、装卸单位，应当设置安全生产管理机构或者配备专职安全生产管理人员。

前款规定以外的其他生产经营单位，从业人员超过一百人的，应当设置安全生产管理机构或者配备专职安全生产管理人员；从业人员在一百人以下的，应当配备专职或者兼职的安全生产管理人员。

第二十五条　生产经营单位的安全生产管理机构以及安全生产管理人员履行下列职责：

（一）组织或者参与拟订本单位安全生产规章制度、操作规程和生产安全事故应急救援预案；

（二）组织或者参与本单位安全生产教育和培训，如实记录安全生产教育和培训情况；

（三）组织开展危险源辨识和评估，督促落实本单位重大危险源的安全管理措施；

（四）组织或者参与本单位应急救援演练；

（五）检查本单位的安全生产状况，及时排查生产安全事故隐患，提出改进安全生产管理的建议；

（六）制止和纠正违章指挥、强令冒险作业、违反操作规程的行为；

（七）督促落实本单位安全生产整改措施。

生产经营单位可以设置专职安全生产分管负责人，协助本单位主要负责人履行安全生产管理职责。

第二十六条 生产经营单位的安全生产管理机构以及安全生产管理人员应当恪尽职守,依法履行职责。

生产经营单位作出涉及安全生产的经营决策,应当听取安全生产管理机构以及安全生产管理人员的意见。

生产经营单位不得因安全生产管理人员依法履行职责而降低其工资、福利等待遇或者解除与其订立的劳动合同。

危险物品的生产、储存单位以及矿山、金属冶炼单位的安全生产管理人员的任免,应当告知主管的负有安全生产监督管理职责的部门。

第二十七条 生产经营单位的主要负责人和安全生产管理人员必须具备与本单位所从事的生产经营活动相应的安全生产知识和管理能力。

危险物品的生产、经营、储存、装卸单位以及矿山、金属冶炼、建筑施工、运输单位的主要负责人和安全生产管理人员,应当由主管的负有安全生产监督管理职责的部门对其安全生产知识和管理能力考核合格。考核不得收费。

危险物品的生产、储存、装卸单位以及矿山、金属冶炼单位应当有注册安全工程师从事安全生产管理工作。鼓励其他生产经营单位聘用注册安全工程师从事安全生产管理工作。注册安全工程师按专业分类管理,具体办法由国务院人力资源和社会保障部门、国务院应急管理部门会同国务院有关部门制定。

第二十八条 生产经营单位应当对从业人员进行安全生产教育和培训,保证从业人员具备必要的安全生产知识,熟悉有关的安全生产规章制度和安全操作规程,掌握本岗位的安全操作技能,了解事故应急处理措施,知悉自身在安全生产方面的权利和义务。未经安全生产教育和培训合格的从业人员，不得上岗作业。

生产经营单位使用被派遣劳动者的，应当将被派遣劳动者纳入本单位从业人员统一管理，对被派遣劳动者进行岗位安全操作规程和安全操作技能的教育和培训。劳务派遣单位应当对被派遣劳动者进行必要的安全生产教育和培训。

生产经营单位接收中等职业学校、高等学校学生实习的，应当对实习学生进行相应的安全生产教育和培训，提供必要的劳动防护用品。学校应当协助生产经营单位对实习学生进行安全生产教育和培训。

生产经营单位应当建立安全生产教育和培训档案，如实记录安全生产教育和培训的时间、内容、参加人员以及考核结果等情况。

第二十九条 生产经营单位采用新工艺、新技术、新材料或者使用新设备，必须了解、掌握其安全技术特性，采取有效的安全防护措施，并对从业人员进行专门的安全生产教育和培训。

第三十条 生产经营单位的特种作业人员必须按照国家有关规定经专门的安全作业培训，取得相应资格，方可上岗作业。

特种作业人员的范围由国务院应急管理部门会同国务院有关部门确定。

第三十一条 生产经营单位新建、改建、扩建工程项目（以下统称建设项目）的安全设施，必须与主体工程同时设计、同时施工、同时投入生产和使用。安全设施投资应当纳入建设项目概算。

第三十二条 矿山、金属冶炼建设项目和用于生产、储存、装卸危险物品的建设项目，应当按照国家有关规定进行安全评价。

第三十三条 建设项目安全设施的设计人、设计单位应当对安全设施设计负责。

矿山、金属冶炼建设项目和用于生产、储存、装卸危险物品的建设项目的安全设施设计应当按照国家有关规定报经有关部门审查，审查部门及其负责审查的人员对审查结果负责。

第三十四条 矿山、金属冶炼建设项目和用于生产、储存、装卸危险物品的建设项目的施工单位必须按照批准的安全设施设计施工，并对安全设施的工程质量负责。

矿山、金属冶炼建设项目和用于生产、储存、装卸危险物品的建设项目竣工投入生产或者使用前，应当由建设单位负责组织对安全设施进行验收；验收合格后，方可投入生产和使用。负有安全生产监督管理职责的部门应当加强对建设单位验收活动和验收结果的监督核查。

第三十五条 生产经营单位应当在有较大危险因素的生产经营场所和有关设施、设备上，设置明显的安全警示标志。

第三十六条 安全设备的设计、制造、安装、使用、检测、维修、改造和报废，应当符合国家标准或者行业标准。

生产经营单位必须对安全设备进行经常性维护、保养，并定期检测，保证正常运转。维护、保养、检测应当作好记录，并由有关人员签字。

生产经营单位不得关闭、破坏直接关系生产安全的监控、报警、防护、救生设备、设施，或者篡改、隐瞒、销毁其相关数据、信息。

餐饮等行业的生产经营单位使用燃气的，应当安装可燃气体报警装置，并保障其正常使用。

第三十七条 生产经营单位使用的危险物品的容器、运输工具，以及涉及人身安全、危险性较大的海洋石油开采特种设备和矿山井下特种设备，必须按照国家有关规定，由专业生产单位生产，并经具有专业资质的检测、检验机构检测、检验合格，取得安全使用证或者安全标志，方可投入使用。检测、检验机构对检测、检验结果负责。

第三十八条 国家对严重危及生产安全的工艺、设备实行淘汰制度，具体目录由国务院应急管理部门会同国务院有关部门制定并公布。法律、行政法规对目录的制定另有规定的，适用其规定。

省、自治区、直辖市人民政府可以根据本地区实际情况制定并公布具体目录，对前款规定以外的危及生产安全的工艺、设备予以淘汰。

生产经营单位不得使用应当淘汰的危及生产安全的工艺、设备。

第三十九条 生产、经营、运输、储存、使用危险物品或者处置废弃危险物品的，由有关主管部门依照有关法律、法规的规定和国家标准或者行业标准审批并实施监督管理。

生产经营单位生产、经营、运输、储存、使用危险物品或者处置废弃危险物品，必须执行有关法律、法规和国家标准或者行业标准，建立专门的安全管理制度，采取可靠的安全措施，接受有关主管部门依法实施的监督管理。

第四十条 生产经营单位对重大危险源应当登记建档，进行定期检测、评估、监控，并制定应急预案，告知从业人员和相关人员在紧急情况下应当采取的应急措施。

生产经营单位应当按照国家有关规定将本单位重大危险源及有关安全措施、应急措施报有关地方人民政府应急管理部门和有关部门备案。有关地方人民政府应急管理部门和有关部门应当通过相关信息系统实现信息共享。

第四十一条 生产经营单位应当建立安全风险分级管控制度，按照安全风险分级采取相应的管控措施。

生产经营单位应当建立健全并落实生产安全事故隐患排查治理制度，采取技术、管理措施，及时发现并消除事故隐患。事故隐患排查治理情况应当如实记录，并通过职工大会或者职工代表大会、信息公示栏等方式向从业人员通报。其中，重大事故隐患排查治理情况应当及时向负有安全生产监督管理职责的部门和职工大会或者职工代表大会报告。

县级以上地方各级人民政府负有安全生产监督管理职责的部门应当将重大事故隐患纳入相关信息系统，建立健全重大事故隐患治理督办制度，督促生产经营单位消除重大事故隐患。

第四十二条 生产、经营、储存、使用危险物品的车间、商店、仓库不得与员工宿舍在同一座建筑物内，并应当与员工宿舍保持安全距离。

生产经营场所和员工宿舍应当设有符合紧急疏散要求、标志明显、保持畅通的出口、疏散通道。禁止占用、锁闭、封堵生产经营场所或者员工宿舍的出口、疏散通道。

第四十三条 生产经营单位进行爆破、吊装、动火、临时用电以及国务院应急管理部门会同国务院有关部门规定的其他危险作业，应当安排专门人员进行现场安全管理，确保操作规程的遵守和安全措施的落实。

第四十四条 生产经营单位应当教育和督促从业人员严格执行本单位的安全生产规章制度和安全操作规程；并向从业人员如实告知作业场所和工作岗位存在的危险因素、防范措施以及事故应急措施。

生产经营单位应当关注从业人员的身体、心理状况和行为习惯，加强对从业人员的心理疏导、精神慰藉，严格落实岗位安全生产责任，防范从业人员行为异常导致事故发生。

第四十五条 生产经营单位必须为从业人员提供符合国家标准或者行业标准的劳动防护用品，并监督、教育从业人员按照使用规则佩戴、使用。

第四十六条 生产经营单位的安全生产管理人员应当根据本单位的生产经营特点，对安全生产状况进行经常性检查；对检查中发现的安全问题，应当立即处理；不能处理的，应当及时报告本单位有关负责人，有关负责人应当及时处理。检查及处理情况应当如实记录在案。

生产经营单位的安全生产管理人员在检查中发现重大事故隐患，依照前款规定向本单位有关负责人报告，有关负责人不及时处理的，安全生产管理人员可以向主管的负有安全生产监督管理职责的部门报告，接到报告的部门应当依法及时处理。

第四十七条 生产经营单位应当安排用于配备劳动防护用品、进行安全生产培训的经费。

第四十八条 两个以上生产经营单位在同一作业区域内进行生产经营活动，可能危及对方生产安全的，应当签订安全生产管理协议，明确各自的安全生产管理职责和应当采取的安全措施，并指定专职安全生产管理人员进行安全检查与协调。

第四十九条 生产经营单位不得将生产经营项目、场所、设备发包或者出租给不具备安全生产条件或者相应资质的单位或者个人。

生产经营项目、场所发包或者出租给其他单位的，生产经营单位应当与承包单位、承租单位签订专门的安全生产管理协议，或者在承包合同、租赁合同中约定各自的安全生产管理职责；生产经营单位对承包单位、承租单位的安全生产工作统一协调、管理，定期进行安全检查，发现安全问题的，应当及时督促整改。

矿山、金属冶炼建设项目和用于生产、储存、装卸危险物品的建设项目的施工单位应当加强对施工项目的安全管理，不得倒卖、出租、出借、挂靠或者以其他形式非法转让施工资质，不得将其承包的全部建设工程转包给第三人或者将其承包的全部建设工程支解以后以分包的名义分别转包给第三人，不得将工程分包给不具备相应资质条件的单位。

第五十条　生产经营单位发生生产安全事故时，单位的主要负责人应当立即组织抢救，并不得在事故调查处理期间擅离职守。

第五十一条　生产经营单位必须依法参加工伤保险，为从业人员缴纳保险费。

国家鼓励生产经营单位投保安全生产责任保险；属于国家规定的高危行业、领域的生产经营单位，应当投保安全生产责任保险。具体范围和实施办法由国务院应急管理部门会同国务院财政部门、国务院保险监督管理机构和相关行业主管部门制定。

第三章　从业人员的安全生产权利义务

第五十二条　生产经营单位与从业人员订立的劳动合同，应当载明有关保障从业人员劳动安全、防止职业危害的事项，以及依法为从业人员办理工伤保险的事项。

生产经营单位不得以任何形式与从业人员订立协议，免除或者减轻其对从业人员因生产安全事故伤亡依法应承担的责任。

第五十三条　生产经营单位的从业人员有权了解其作

业场所和工作岗位存在的危险因素、防范措施及事故应急措施，有权对本单位的安全生产工作提出建议。

第五十四条 从业人员有权对本单位安全生产工作中存在的问题提出批评、检举、控告；有权拒绝违章指挥和强令冒险作业。

生产经营单位不得因从业人员对本单位安全生产工作提出批评、检举、控告或者拒绝违章指挥、强令冒险作业而降低其工资、福利等待遇或者解除与其订立的劳动合同。

第五十五条 从业人员发现直接危及人身安全的紧急情况时，有权停止作业或者在采取可能的应急措施后撤离作业场所。

生产经营单位不得因从业人员在前款紧急情况下停止作业或者采取紧急撤离措施而降低其工资、福利等待遇或者解除与其订立的劳动合同。

第五十六条 生产经营单位发生生产安全事故后，应当及时采取措施救治有关人员。

因生产安全事故受到损害的从业人员，除依法享有工伤保险外，依照有关民事法律尚有获得赔偿的权利的，有权提出赔偿要求。

第五十七条 从业人员在作业过程中，应当严格落实岗位安全责任，遵守本单位的安全生产规章制度和操作规程，服从管理，正确佩戴和使用劳动防护用品。

第五十八条 从业人员应当接受安全生产教育和培训，掌握本职工作所需的安全生产知识，提高安全生产技能，增强事故预防和应急处理能力。

第五十九条 从业人员发现事故隐患或者其他不安全因素，应当立即向现场安全生产管理人员或者本单位负责人报告；接到报告的人员应当及时予以处理。

第六十条 工会有权对建设项目的安全设施与主体工程同时设计、同时施工、同时投入生产和使用进行监督，提出意见。

工会对生产经营单位违反安全生产法律、法规，侵犯从业人员合法权益的行为，有权要求纠正；发现生产经营单位违章指挥、强令冒险作业或者发现事故隐患时，有权提出解决的建议，生产经营单位应当及时研究答复；发现危及从业人员生命安全的情况时，有权向生产经营单位建议组织从业人员撤离危险场所，生产经营单位必须立即作出处理。

工会有权依法参加事故调查，向有关部门提出处理意见，并要求追究有关人员的责任。

第六十一条 生产经营单位使用被派遣劳动者的，被派遣劳动者享有本法规定的从业人员的权利，并应当履行本法规定的从业人员的义务。

第四章 安全生产的监督管理

第六十二条 县级以上地方各级人民政府应当根据本行政区域内的安全生产状况，组织有关部门按照职责分工，对本行政区域内容易发生重大生产安全事故的生产经营单位进行严格检查。

应急管理部门应当按照分类分级监督管理的要求，制定安全生产年度监督检查计划，并按照年度监督检查计划进行监督检查，发现事故隐患，应当及时处理。

第六十三条 负有安全生产监督管理职责的部门依照有关法律、法规的规定，对涉及安全生产的事项需要审查批准（包括批准、核准、许可、注册、认证、颁发证照等，下同）或者验收的，必须严格依照有关法律、法规和国家标准或者行业标准规定的安全生产条件和程序进行审查；不符合有关法律、法规和国家标准或者行业标准规定的安全生产条件的，不得批准或者验收通过。对未依法取得批准或者验收合格的单位擅自从事有关活动的，负责行政审批的部门发现或者接到举报后应当立即予以取缔，并依法予以处理。对已经依法取得批准的单位，负责行政审批的部门发现其不再具备安全生产条件的，应当撤销原批准。

第六十四条 负有安全生产监督管理职责的部门对涉及安全生产的事项进行审查、验收，不得收取费用；不得要求接受审查、验收的单位购买其指定品牌或者指定生产、销售单位的安全设备、器材或者其他产品。

第六十五条 应急管理部门和其他负有安全生产监督管理职责的部门依法开展安全生产行政执法工作，对生产经营单位执行有关安全生产的法律、法规和国家标准或者行业标准的情况进行监督检查，行使以下职权：

（一）进入生产经营单位进行检查，调阅有关资料，向有关单位和人员了解情况；

（二）对检查中发现的安全生产违法行为，当场予以纠正或者要求限期改正；对依法应当给予行政处罚的行为，依照本法和其他有关法律、行政法规的规定作出行政处罚决定；

（三）对检查中发现的事故隐患，应当责令立即排除；重大事故隐患排除前或者排除过程中无法保证安全的，应当责令从危险区域内撤出作业人员，责令暂时停产停业或者停止使用相关设施、设备；重大事故隐患排除后，经审查同意，方可恢复生产经营和使用；

（四）对有根据认为不符合保障安全生产的国家标准或者行业标准的设施、设备、器材以及违法生产、储存、使用、经营、运输的危险物品予以查封或者扣押，对违法生产、储存、使用、经营危险物品的作业场所予以查封，并依法作出处理决定。

监督检查不得影响被检查单位的正常生产经营活动。

第六十六条 生产经营单位对负有安全生产监督管理职责的部门的监督检查人员（以下统称安全生产监督检查人员）依法履行监督检查职责，应当予以配合，不得拒绝、阻挠。

第六十七条 安全生产监督检查人员应当忠于职守，坚持原则，秉公执法。

安全生产监督检查人员执行监督检查任务时，必须出示有效的行政执法证件；对涉及被检查单位的技术秘密和业务秘密，应当为其保密。

第六十八条 安全生产监督检查人员应当将检查的时间、地点、内容、发现的问题及其处理情况，作出书面记录，并由检查人员和被检查单位的负责人签字；被检查单位的负责人拒绝签字的，检查人员应当将情况记录在案，并向负有安全生产监督管理职责的部门报告。

第六十九条 负有安全生产监督管理职责的部门在监督检查中，应当互相配合，实行联合检查；确需分别进行检查的，应当互通情况，发现存在的安全问题应当由其他有关部门进行处理的，应当及时移送其他有关部门并形成记录备查，接受移送的部门应当及时进行处理。

第七十条 负有安全生产监督管理职责的部门依法对存在重大事故隐患的生产经营单位作出停产停业、停止施工、停止使用相关设施或者设备的决定，生产经营单位应当依法执行，及时消除事故隐患。生产经营单位拒不执行，有发生生产安全事故的现实危险的，在保证安全的前提下，经本部门主要负责人批准，负有安全生产监督管理职责的部门可以采取通知有关单位停止供电、停止供应民用爆炸物品等措施，强制生产经营单位履行决定。通知应当采用书面形式，有关单位应当予以配合。

负有安全生产监督管理职责的部门依照前款规定采取停止供电措施，除有危及生产安全的紧急情形外，应当提前二十四小时通知生产经营单位。生产经营单位依法履行行政决定、采取相应措施消除事故隐患的，负有安全生产监督管理职责的部门应当及时解除前款规定的措施。

第七十一条 监察机关依照监察法的规定，对负有安全生产监督管理职责的部门及其工作人员履行安全生产监督管理职责实施监察。

第七十二条 承担安全评价、认证、检测、检验职责的机构应当具备国家规定的资质条件，并对其作出的安全评价、认证、检测、检验结果的合法性、真实性负责。资质条件由国务院应急管理部门会同国务院有关部门制定。

承担安全评价、认证、检测、检验职责的机构应当建立并实施服务公开和报告公开制度，不得租借资质、挂靠、出具虚假报告。

第七十三条 负有安全生产监督管理职责的部门应当建立举报制度，公开举报电话、信箱或者电子邮件地址等网络举报平台，受理有关安全生产的举报；受理的举报事项经调查核实后，应当形成书面材料；需要落实整改措施的，报经有关负责人签字并督促落实。对不属于本部门职责，需要由其他有关部门进行调查处理的，转交其他有关部门处理。

涉及人员死亡的举报事项，应当由县级以上人民政府组织核查处理。

第七十四条 任何单位或者个人对事故隐患或者安全生

产违法行为，均有权向负有安全生产监督管理职责的部门报告或者举报。

因安全生产违法行为造成重大事故隐患或者导致重大事故，致使国家利益或者社会公共利益受到侵害的，人民检察院可以根据民事诉讼法、行政诉讼法的相关规定提起公益诉讼。

第七十五条 居民委员会、村民委员会发现其所在区域内的生产经营单位存在事故隐患或者安全生产违法行为时，应当向当地人民政府或者有关部门报告。

第七十六条 县级以上各级人民政府及其有关部门对报告重大事故隐患或者举报安全生产违法行为的有功人员，给予奖励。具体奖励办法由国务院应急管理部门会同国务院财政部门制定。

第七十七条 新闻、出版、广播、电影、电视等单位有进行安全生产公益宣传教育的义务，有对违反安全生产法律、法规的行为进行舆论监督的权利。

第七十八条 负有安全生产监督管理职责的部门应当建立安全生产违法行为信息库，如实记录生产经营单位及其有关从业人员的安全生产违法行为信息；对违法行为情节严重的生产经营单位及其有关从业人员，应当及时向社会公告，并通报行业主管部门、投资主管部门、自然资源主管部门、生态环境主管部门、证券监督管理机构以及有关金融机构。有关部门和机构应当对存在失信行为的生产经营单位及其有关从业人员采取加大执法检查频次、暂停项目审批、上调有关保险费率、行业或者职业禁入等联合惩戒措施，并向社会公示。

负有安全生产监督管理职责的部门应当加强对生产经营单位行政处罚信息的及时归集、共享、应用和公开，对生产经营单位作出处罚决定后七个工作日内在监督管理部门公示系统予以公开曝光，强化对违法失信生产经营单位及其有关从业人员的社会监督，提高全社会安全生产诚信水平。

第五章　生产安全事故的应急救援与调查处理

第七十九条　国家加强生产安全事故应急能力建设，在重点行业、领域建立应急救援基地和应急救援队伍，并由国家安全生产应急救援机构统一协调指挥；鼓励生产经营单位和其他社会力量建立应急救援队伍，配备相应的应急救援装备和物资，提高应急救援的专业化水平。

国务院应急管理部门牵头建立全国统一的生产安全事故应急救援信息系统，国务院交通运输、住房和城乡建设、水利、民航等有关部门和县级以上地方人民政府建立健全相关行业、领域、地区的生产安全事故应急救援信息系统，实现互联互通、信息共享，通过推行网上安全信息采集、安全监管和监测预警，提升监管的精准化、智能化水平。

第八十条　县级以上地方各级人民政府应当组织有关部门制定本行政区域内生产安全事故应急救援预案，建立应急救援体系。

乡镇人民政府和街道办事处，以及开发区、工业园区、港区、风景区等应当制定相应的生产安全事故应急救援预案，协助人民政府有关部门或者按照授权依法履行生产安全事故应急救援工作职责。

第八十一条　生产经营单位应当制定本单位生产安全事故应急救援预案，与所在地县级以上地方人民政府组织制定的生产安全事故应急救援预案相衔接，并定期组织演练。

第八十二条 危险物品的生产、经营、储存单位以及矿山、金属冶炼、城市轨道交通运营、建筑施工单位应当建立应急救援组织；生产经营规模较小的，可以不建立应急救援组织，但应当指定兼职的应急救援人员。

危险物品的生产、经营、储存、运输单位以及矿山、金属冶炼、城市轨道交通运营、建筑施工单位应当配备必要的应急救援器材、设备和物资，并进行经常性维护、保养，保证正常运转。

第八十三条 生产经营单位发生生产安全事故后，事故现场有关人员应当立即报告本单位负责人。

单位负责人接到事故报告后，应当迅速采取有效措施，组织抢救，防止事故扩大，减少人员伤亡和财产损失，并按照国家有关规定立即如实报告当地负有安全生产监督管理职责的部门，不得隐瞒不报、谎报或者迟报，不得故意破坏事故现场、毁灭有关证据。

第八十四条 负有安全生产监督管理职责的部门接到事故报告后，应当立即按照国家有关规定上报事故情况。负有安全生产监督管理职责的部门和有关地方人民政府对事故情况不得隐瞒不报、谎报或者迟报。

第八十五条 有关地方人民政府和负有安全生产监督管理职责的部门的负责人接到生产安全事故报告后，应当按照生产安全事故应急救援预案的要求立即赶到事故现场，组织事故抢救。

参与事故抢救的部门和单位应当服从统一指挥，加强协同联动，采取有效的应急救援措施，并根据事故救援的需要采取警戒、疏散等措施，防止事故扩大和次生灾害的发生，减少人员伤亡和财产损失。

事故抢救过程中应当采取必要措施，避免或者减少对环境造成的危害。

任何单位和个人都应当支持、配合事故抢救，并提供一切便利条件。

第八十六条 事故调查处理应当按照科学严谨、依法依规、实事求是、注重实效的原则，及时、准确地查清事故原因，查明事故性质和责任，评估应急处置工作，总结事故教训，提出整改措施，并对事故责任单位和人员提出处理建议。事故调查报告应当依法及时向社会公布。事故调查和处理的具体办法由国务院制定。

事故发生单位应当及时全面落实整改措施，负有安全生产监督管理职责的部门应当加强监督检查。

负责事故调查处理的国务院有关部门和地方人民政府应当在批复事故调查报告后一年内，组织有关部门对事故整改和防范措施落实情况进行评估，并及时向社会公开评估结果；对不履行职责导致事故整改和防范措施没有落实的有关单位和人员，应当按照有关规定追究责任。

第八十七条 生产经营单位发生生产安全事故，经调查确定为责任事故的，除了应当查明事故单位的责任并依法予以追究外，还应当查明对安全生产的有关事项负有审查批准和监督职责的行政部门的责任，对有失职、渎职行为的，依照本法第九十条的规定追究法律责任。

第八十八条 任何单位和个人不得阻挠和干涉对事故的依法调查处理。

第八十九条 县级以上地方各级人民政府应急管理部门应当定期统计分析本行政区域内发生生产安全事故的情况，并定期向社会公布。

第六章 法律责任

第九十条 负有安全生产监督管理职责的部门的工作人员，有下列行为之一的，给予降级或者撤职的处分；构成犯罪的，依照刑法有关规定追究刑事责任：

（一）对不符合法定安全生产条件的涉及安全生产的事项予以批准或者验收通过的；

（二）发现未依法取得批准、验收的单位擅自从事有关活动或者接到举报后不予取缔或者不依法予以处理的；

（三）对已经依法取得批准的单位不履行监督管理职责，发现其不再具备安全生产条件而不撤销原批准或者发现安全生产违法行为不予查处的；

（四）在监督检查中发现重大事故隐患，不依法及时处理的。

负有安全生产监督管理职责的部门的工作人员有前款规定以外的滥用职权、玩忽职守、徇私舞弊行为的，依法给予处分；构成犯罪的，依照刑法有关规定追究刑事责任。

第九十一条 负有安全生产监督管理职责的部门，要求被审查、验收的单位购买其指定的安全设备、器材或者其他产品的，在对安全生产事项的审查、验收中收取费用的，由其上级机关或者监察机关责令改正，责令退还收取的费用；情节严重的，对直接负责的主管人员和其他直接责任人员依法给予处分。

第九十二条 承担安全评价、认证、检测、检验职责的机构出具失实报告的，责令停业整顿，并处三万元以上十万元以下的罚款；给他人造成损害的，依法承担赔偿责任。

承担安全评价、认证、检测、检验职责的机构租借资质、挂靠、出具虚假报告的，没收违法所得；违法所得在十万元以上的,并处违法所得二倍以上五倍以下的罚款,没有违法所得或者违法所得不足十万元的,单处或者并处十万元以上二十万元以下的罚款;对其直接负责的主管人员和其他直接责任人员处五万元以上十万元以下的罚款;给他人造成损害的,与生产经营单位承担连带赔偿责任;构成犯罪的,依照刑法有关规定追究刑事责任。

对有前款违法行为的机构及其直接责任人员,吊销其相应资质和资格,五年内不得从事安全评价、认证、检测、检验等工作;情节严重的,实行终身行业和职业禁入。

第九十三条　生产经营单位的决策机构、主要负责人或者个人经营的投资人不依照本法规定保证安全生产所必需的资金投入,致使生产经营单位不具备安全生产条件的,责令限期改正,提供必需的资金;逾期未改正的,责令生产经营单位停产停业整顿。

有前款违法行为,导致发生生产安全事故的,对生产经营单位的主要负责人给予撤职处分,对个人经营的投资人处二万元以上二十万元以下的罚款;构成犯罪的,依照刑法有关规定追究刑事责任。

第九十四条　生产经营单位的主要负责人未履行本法规定的安全生产管理职责的,责令限期改正,处二万元以上五万元以下的罚款;逾期未改正的,处五万元以上十万元以下的罚款,责令生产经营单位停产停业整顿。

生产经营单位的主要负责人有前款违法行为,导致发生生产安全事故的,给予撤职处分;构成犯罪的,依照刑法有关规定追究刑事责任。

生产经营单位的主要负责人依照前款规定受刑事处罚或者撤职处分的,自刑罚执行完毕或者受处分之日起,五年内不得担任任何生产经营单位的主要负责人;对重大、特别重大生产安全事故负有责任的,终身不得担任本行业生产经营单位的主要负责人。

第九十五条 生产经营单位的主要负责人未履行本法规定的安全生产管理职责,导致发生生产安全事故的,由应急管理部门依照下列规定处以罚款:

(一)发生一般事故的,处上一年年收入百分之四十的罚款;

(二)发生较大事故的,处上一年年收入百分之六十的罚款;

(三)发生重大事故的,处上一年年收入百分之八十的罚款;

(四)发生特别重大事故的,处上一年年收入百分之一百的罚款。

第九十六条 生产经营单位的其他负责人和安全生产管理人员未履行本法规定的安全生产管理职责的,责令限期改正,处一万元以上三万元以下的罚款;导致发生生产安全事故的,暂停或者吊销其与安全生产有关的资格,并处上一年年收入百分之二十以上百分之五十以下的罚款;构成犯罪的,依照刑法有关规定追究刑事责任。

第九十七条 生产经营单位有下列行为之一的,责令限期改正,处十万元以下的罚款;逾期未改正的,责令停产停业整顿,并处十万元以上二十万元以下的罚款,对其直接负责的主管人员和其他直接责任人员处二万元以上五万元以下的罚款:

(一)未按照规定设置安全生产管理机构或者配备安全生产管理人员、注册安全工程师的;

(二)危险物品的生产、经营、储存、装卸单位以及矿山、金属冶炼、建筑施工、运输单位的主要负责人和安全生产管理人员未按照规定经考核合格的；

（三）未按照规定对从业人员、被派遣劳动者、实习学生进行安全生产教育和培训，或者未按照规定如实告知有关的安全生产事项的；

（四）未如实记录安全生产教育和培训情况的；

（五）未将事故隐患排查治理情况如实记录或者未向从业人员通报的；

（六）未按照规定制定生产安全事故应急救援预案或者未定期组织演练的；

（七）特种作业人员未按照规定经专门的安全作业培训并取得相应资格，上岗作业的。

第九十八条 生产经营单位有下列行为之一的，责令停止建设或者停产停业整顿，限期改正，并处十万元以上五十万元以下的罚款，对其直接负责的主管人员和其他直接责任人员处二万元以上五万元以下的罚款；逾期未改正的，处五十万元以上一百万元以下的罚款，对其直接负责的主管人员和其他直接责任人员处五万元以上十万元以下的罚款；构成犯罪的，依照刑法有关规定追究刑事责任：

（一）未按照规定对矿山、金属冶炼建设项目或者用于生产、储存、装卸危险物品的建设项目进行安全评价的；

（二）矿山、金属冶炼建设项目或者用于生产、储存、装卸危险物品的建设项目没有安全设施设计或者安全设施设计未按照规定报经有关部门审查同意的；

（三）矿山、金属冶炼建设项目或者用于生产、储存、装卸危险物品的建设项目的施工单位未按照批准的安全设施设计施工的；

（四）矿山、金属冶炼建设项目或者用于生产、储存、装卸危险物品的建设项目竣工投入生产或者使用前，安全设施未经验收合格的。

第九十九条 生产经营单位有下列行为之一的,责令限期改正,处五万元以下的罚款;逾期未改正的,处五万元以上二十万元以下的罚款,对其直接负责的主管人员和其他直接责任人员处一万元以上二万元以下的罚款;情节严重的,责令停产停业整顿;构成犯罪的,依照刑法有关规定追究刑事责任:

(一)未在有较大危险因素的生产经营场所和有关设施、设备上设置明显的安全警示标志的;

(二)安全设备的安装、使用、检测、改造和报废不符合国家标准或者行业标准的;

(三)未对安全设备进行经常性维护、保养和定期检测的;

(四)关闭、破坏直接关系生产安全的监控、报警、防护、救生设备、设施,或者篡改、隐瞒、销毁其相关数据、信息的;

(五)未为从业人员提供符合国家标准或者行业标准的劳动防护用品的;

(六)危险物品的容器、运输工具,以及涉及人身安全、危险性较大的海洋石油开采特种设备和矿山井下特种设备未经具有专业资质的机构检测、检验合格,取得安全使用证或者安全标志,投入使用的;

(七)使用应当淘汰的危及生产安全的工艺、设备的;

(八)餐饮等行业的生产经营单位使用燃气未安装可燃气体报警装置的。

第一百条 未经依法批准,擅自生产、经营、运输、储存、使用危险物品或者处置废弃危险物品的,依照有关危险物品安全管理的法律、行政法规的规定予以处罚;构成犯罪的，依照刑法有关规定追究刑事责任。

第一百零一条　生产经营单位有下列行为之一的，责令限期改正，处十万元以下的罚款；逾期未改正的，责令停产停业整顿，并处十万元以上二十万元以下的罚款，对其直接负责的主管人员和其他直接责任人员处二万元以上五万元以下的罚款；构成犯罪的，依照刑法有关规定追究刑事责任：

（一）生产、经营、运输、储存、使用危险物品或者处置废弃危险物品，未建立专门安全管理制度、未采取可靠的安全措施的；

（二）对重大危险源未登记建档，未进行定期检测、评估、监控，未制定应急预案，或者未告知应急措施的；

（三）进行爆破、吊装、动火、临时用电以及国务院应急管理部门会同国务院有关部门规定的其他危险作业，未安排专门人员进行现场安全管理的；

（四）未建立安全风险分级管控制度或者未按照安全风险分级采取相应管控措施的；

（五）未建立事故隐患排查治理制度，或者重大事故隐患排查治理情况未按照规定报告的。

第一百零二条　生产经营单位未采取措施消除事故隐患的，责令立即消除或者限期消除，处五万元以下的罚款；生产经营单位拒不执行的，责令停产停业整顿，对其直接负责的主管人员和其他直接责任人员处五万元以上十万元以下的罚款；构成犯罪的，依照刑法有关规定追究刑事责任。

第一百零三条　生产经营单位将生产经营项目、场所、设备发包或者出租给不具备安全生产条件或者相应资质的单位或者个人的，责令限期改正，没收违法所得；违法所得十万元以上的，并处违法所得二倍以上五倍以下的罚款；没有违法所得或者违法所得不足十万元的，单处或者并处十万元以上二十万元以下的罚款；对其直接负责的主管人员和其他直接责任人员处一万元以上二万元以下的罚款；导致发生生产安全事故给他人造成损害的，与承包方、承租方承担连带赔偿责任。

生产经营单位未与承包单位、承租单位签订专门的安全生产管理协议或者未在承包合同、租赁合同中明确各自的安全生产管理职责，或者未对承包单位、承租单位的安全生产统一协调、管理的，责令限期改正，处五万元以下的罚款，对其直接负责的主管人员和其他直接责任人员处一万元以下的罚款；逾期未改正的，责令停产停业整顿。

矿山、金属冶炼建设项目和用于生产、储存、装卸危险物品的建设项目的施工单位未按照规定对施工项目进行安全管理的，责令限期改正，处十万元以下的罚款，对其直接负责的主管人员和其他直接责任人员处二万元以下的罚款；逾期未改正的，责令停产停业整顿。以上施工单位倒卖、出租、出借、挂靠或者以其他形式非法转让施工资质的，责令停产停业整顿，吊销资质证书，没收违法所得；违法所得十万元以上的，并处违法所得二倍以上五倍以下的罚款，没有违法所得或者违法所得不足十万元的，单处或者并处十万元以上二十万元以下的罚款；对其直接负责的主管人员和其他直接责任人员处五万元以上十万元以下的罚款；构成犯罪的，依照刑法有关规定追究刑事责任。

第一百零四条 两个以上生产经营单位在同一作业区域内进行可能危及对方安全生产的生产经营活动，未签订安全生产管理协议或者未指定专职安全生产管理人员进行安全检查与协调的，责令限期改正，处五万元以下的罚款，对其直接负责的主管人员和其他直接责任人员处一万元以下的罚款；逾期未改正的，责令停产停业。

第一百零五条　生产经营单位有下列行为之一的，责令限期改正，处五万元以下的罚款，对其直接负责的主管人员和其他直接责任人员处一万元以下的罚款；逾期未改正的，责令停产停业整顿；构成犯罪的，依照刑法有关规定追究刑事责任：

（一）生产、经营、储存、使用危险物品的车间、商店、仓库与员工宿舍在同一座建筑内，或者与员工宿舍的距离不符合安全要求的；

（二）生产经营场所和员工宿舍未设有符合紧急疏散需要、标志明显、保持畅通的出口、疏散通道，或者占用、锁闭、封堵生产经营场所或者员工宿舍出口、疏散通道的。

第一百零六条　生产经营单位与从业人员订立协议，免除或者减轻其对从业人员因生产安全事故伤亡依法应承担的责任的，该协议无效；对生产经营单位的主要负责人、个人经营的投资人处二万元以上十万元以下的罚款。

第一百零七条　生产经营单位的从业人员不落实岗位安全责任，不服从管理，违反安全生产规章制度或者操作规程的，由生产经营单位给予批评教育，依照有关规章制度给予处分；构成犯罪的，依照刑法有关规定追究刑事责任。

第一百零八条　违反本法规定，生产经营单位拒绝、阻碍负有安全生产监督管理职责的部门依法实施监督检查的，责令改正；拒不改正的，处二万元以上二十万元以下的罚款；对其直接负责的主管人员和其他直接责任人员处一万元以上二万元以下的罚款；构成犯罪的，依照刑法有关规定追究刑事责任。

第一百零九条　高危行业、领域的生产经营单位未按照国家规定投保安全生产责任保险的，责令限期改正，处五万元以上十万元以下的罚款；逾期未改正的，处十万元以上二十万元以下的罚款。

第一百一十条　生产经营单位的主要负责人在本单位发生生产安全事故时，不立即组织抢救或者在事故调查处理期间擅离职守或者逃匿的，给予降级、撤职的处分，并由应急管理部门处上一年年收入百分之六十至百分之一百的罚款；对逃匿的处十五日以下拘留；构成犯罪的，依照刑法有关规定追究刑事责任。

生产经营单位的主要负责人对生产安全事故隐瞒不报、谎报或者迟报的，依照前款规定处罚。

第一百一十一条　有关地方人民政府、负有安全生产监督管理职责的部门，对生产安全事故隐瞒不报、谎报或者迟报的，对直接负责的主管人员和其他直接责任人员依法给予处分；构成犯罪的，依照刑法有关规定追究刑事责任。

第一百一十二条　生产经营单位违反本法规定，被责令改正且受到罚款处罚，拒不改正的，负有安全生产监督管理职责的部门可以自作出责令改正之日的次日起，按照原处罚数额按日连续处罚。

第一百一十三条　生产经营单位存在下列情形之一的，负有安全生产监督管理职责的部门应当提请地方人民政府予以关闭，有关部门应当依法吊销其有关证照。生产经营单位主要负责人五年内不得担任任何生产经营单位的主要负责人；情节严重的，终身不得担任本行业生产经营单位的主要负责人：

（一）存在重大事故隐患，一百八十日内三次或者一年内四次受到本法规定的行政处罚的；

（二）经停产停业整顿，仍不具备法律、行政法规和国家标准或者行业标准规定的安全生产条件的；

（三）不具备法律、行政法规和国家标准或者行业标准规定的安全生产条件，导致发生重大、特别重大生产安全事故的；

（四）拒不执行负有安全生产监督管理职责的部门作出的停产停业整顿决定的。

第一百一十四条　发生生产安全事故，对负有责任的生产经营单位除要求其依法承担相应的赔偿等责任外，由应急管理部门依照下列规定处以罚款：

（一）发生一般事故的，处三十万元以上一百万元以下的罚款；

（二）发生较大事故的，处一百万元以上二百万元以下的罚款；

（三）发生重大事故的，处二百万元以上一千万元以下的罚款；

（四）发生特别重大事故的，处一千万元以上二千万元以下的罚款。

发生生产安全事故，情节特别严重、影响特别恶劣的，应急管理部门可以按照前款罚款数额的二倍以上五倍以下对负有责任的生产经营单位处以罚款。

第一百一十五条　本法规定的行政处罚，由应急管理部门和其他负有安全生产监督管理职责的部门按照职责分工决定；其中，根据本法第九十五条、第一百一十条、第一百一十四条的规定应当给予民航、铁路、电力行业的生产经营单位及其主要负责人行政处罚的，也可以由主管的负有安全生产监督管理职责的部门进行处罚。予以关闭的行政处罚，由负有安全生产监督管理职责的部门报请县级以上人民政府按照国务院规定的权限决定；给予拘留的行政处罚，由公安机关依照治安管理处罚的规定决定。

第一百一十六条　生产经营单位发生生产安全事故造成

人员伤亡、他人财产损失的，应当依法承担赔偿责任；拒不承担或者其负责人逃匿的，由人民法院依法强制执行。

生产安全事故的责任人未依法承担赔偿责任，经人民法院依法采取执行措施后，仍不能对受害人给予足额赔偿的，应当继续履行赔偿义务；受害人发现责任人有其他财产的，可以随时请求人民法院执行。

第七章　附则

第一百一十七条　本法下列用语的含义：

危险物品，是指易燃易爆物品、危险化学品、放射性物品等能够危及人身安全和财产安全的物品。

重大危险源，是指长期地或者临时地生产、搬运、使用或者储存危险物品，且危险物品的数量等于或者超过临界量的单元（包括场所和设施）。

第一百一十八条　本法规定的生产安全一般事故、较大事故、重大事故、特别重大事故的划分标准由国务院规定。

国务院应急管理部门和其他负有安全生产监督管理职责的部门应当根据各自的职责分工，制定相关行业、领域重大危险源的辨识标准和重大事故隐患的判定标准。

第一百一十九条　本法自2002年11月1日起施行。

参考文献

[1] 国家安全生产监督管理总局人事司（宣教办），国家安全生产监督管理总局培训中心. 特种作业安全技术实际操作考试标准（试行）汇编 [M]. 徐州：中国矿业大学出版社，2015.

[2] 张荣，张晓东. 危险化学品安全技术 [M]. 北京：化学工业出版社，2009.

[3] 聂幼平，崔慧峰. 个人防护装备基础知识 [M]. 北京：化学工业出版社，2004.